과일의 신선함과 허브의 풍미가 가득한, 색다른 물을 만나보세요.
평소에 물을 많이 마시기 힘들다면 상큼하고 은은한 향과 맛을 더해주세요.
물 마시기가 한결 편해져서 수분 섭취량을 자연스럽게 채울 수 있어요.

에너지를 보충하고 싶을 때, 피로를 풀고 싶을 때,
활력을 되찾고 싶을 때… 인퓨즈드 워터를 즐겨보세요.
내 몸의 밸런스를 건강한 상태로 유지해줍니다.

인퓨즈드 워터

Infused Water

t

지은이_ 조지나 데이비스

런던에서 일하는 셰프로 매거진 〈딜리셔스delicious〉에서 처음 요리를 시작했습니다. 푸드 스타일링, 레시피 작성, 다양한 이벤트의 케이터링은 물론 딸 루이자의 엄마까지, 많은 역할을 해내고 있습니다. 자세한 내용은 홈페이지 또는 인스타그램에서 접할 수 있습니다.
홈페이지 georginadaviesfood.com
인스타그램 @georginadaviesfood

옮긴이_ 정연주

성균관대학교 법학과를 졸업하고 사법시험을 준비하던 중 진정 원하는 일은 '요리하는 작가'임을 깨닫고 방향을 수정했습니다. 이후 르 코르동 블루에서 프랑스 요리를 전공하고, 푸드 매거진에서 에디터로 일했습니다. 현재 바른번역 소속 번역가이자 프리랜서 에디터로 활동하고 있습니다.
옮긴 책으로는 《케토채식》, 《바 타르틴》, 《마스터링 파스타》 등이 있으며 《온갖 날의 미식 여행》을 썼습니다.

Infused Waters: 50 Simple Drinks to Restore, Revive & Relax
Copyright © 2019 by Georgina Davies
First published in the United Kingdom by Quadrille Publishing in 2019

Korean Translation Copyright © 2020 by Taste books, an imprint of Munhakdongne Publishing Corp.
Korean edition is published by arrangement with Quadrille, an imprint of Hardie Grant UK Ltd.
through Duran Kim Agency, Seoul.

인퓨즈드 워터

과일, 채소, 허브로 만드는 에너지 음료 50

Infused Water

restore ◦ revive ◦ relax

taste BOOKS

◦ CONTENTS ◦

Lesson

만들기 전에 알아두기

Part 1

원기를 회복시키는 인퓨즈드 워터

Part 2

에너지를 주는 인퓨즈드 워터

Part 3

몸을 편안하게 해주는 인퓨즈드 워터

Intro

물을 많이 마시면 좋다는 사실은 누구나 알고 있습니다. 전문가들은 하루에 2L 이상의 물을 마시라고 하죠. 하지만 24시간 동안 수분을 제대로 섭취하는 사람이 얼마나 될까요? 우리는 물 대신 알코올이나 카페인, 설탕 등이 들어가 미각을 짜릿하게 자극하고 신체를 늘어지게 만드는 음료의 유혹에 지고 맙니다.

술을 끊거나 커피를 자제하고 탄산음료에 손대지 않으려고 노력해본 사람이라면 잘 알 거예요. 평범한 물 1잔으로 자극적인 음료를 만족스럽게 대체하기란 쉽지 않다는 것을요. 정말 방법이 없을까요?

이 책은 평범한 물의 무한한 잠재력을 소개합니다. 차가운 물이나 뜨거운 물 1잔에 과일, 채소, 허브, 향신료를 넣기만 하면 새로운 풍미의 세상이 열립니다. 맛만이 아닙니다. 인퓨즈드 워터는 소화와 신진대사를 도와주고 건강한 체중 관리에 일조하며 면역 체계 유지에 중요한 비타민을 제공하는 등 다양한 효과가 있습니다.

물은 신체의 기능을 유지하기 위한 중요한 요소입니다. 피부와 모발 건강을 개선하고 얼굴색을 맑고 건강하게 만들며 두뇌에 활력을 불어넣고 두통을 예방하며 정신을 맑게 만듭니다. 원기를 회복하고 활력을 되찾으며 긴장이 완화됩니다. 다양한 인퓨즈드 워터 레시피를 통해 간단하고 맛있게 수분을 섭취해보세요. 과일과 채소, 허브, 향신료를 이용해서 소박한 물 1잔을 건강하고 맛있는, 독창적인 음료로 변신시키세요.

만들기 전에 알아두기

인퓨즈드 워터를 만들기 전에 알아둬야 할 것들을 소개합니다.
과일, 채소, 허브 등의 다양한 재료와 재료를 계량하는 방법,
인퓨즈드 워터의 효과 등을 알면 더욱 간단하게 만들 수 있을 뿐만 아니라
내게 맞는 인퓨즈드 워터가 무엇인지 쉽게 찾을 수 있어요.

재료
Ingredients

- 가능하면 좋은 품질의 재료를 구입한다.

- 모든 과일과 채소, 허브는 사용하기 전에 깨끗하게 세척한다.

- 모든 과일과 채소는 껍질째 사용한다. (따로 상태를 표기한 것은 제외)

- 사과와 배 등의 과일은 심과 씨앗을 제거하지 않는다. (따로 상태를 표기한 것은 제외)

- 감귤류는 무왁스 제품을 선택한다.

- 만약 왁스 처리가 된 감귤류나 레몬을 구입했다면 미리 왁스를 제거한다. 과일을 체에 받치고 아주 뜨거운 물을 조심스럽게 골고루 붓는다. 뻣뻣한 솔로 껍질을 부드럽게 문지르고 찬물로 다시 문질러 닦은 뒤 물기를 제거한다.

- 모든 허브는 신선한 것을 사용한다. (따로 상태를 표기한 것은 제외)

- 향신료는 신선한 것을 즉석에서 갈아 사용한다. (따로 상태를 표기한 것은 제외)

- 가능하면 정수된 물을 사용한다.

- 실험 정신을 자유롭게 발휘한다.

- 탄산수를 넣은 인퓨즈드 워터나 차가운 인퓨즈드 워터는 얼음을 넣어 마셔보자.

계량
Quantities

- 모든 액상 재료 1컵은 250ml 기준이다.

- 차가운 인퓨즈드 워터 레시피는 5컵 또는 1.25L 분량이다.

- 뜨거운 인퓨즈드 워터 레시피는 2컵 또는 500ml 분량이다.

- 모든 레시피는 따로 표기하지 않았다면 2~3인 분량이다.

- 차가운 인퓨즈드 워터 레시피의 모든 재료를 절반으로 줄이면 넉넉한 1인 분량이 된다.

- 이 책에서는 큰 워터저그를 이용했지만 유리잔이나 머그에 만들어도 좋다.

- 차가운 인퓨즈드 워터는 2시간 이상 우려야 한다. 직장이나 운동을 할 때 가져갈 계획이라면 전날 만들어서 냉장고에서 하룻밤 우린다. 만들자마자 마셔도 상관없지만 미리 만든 것보다 풍미가 약하다.

재료별 효과
Ingredient Health Benefits

과일과 채소

- **사과** 과당 함량이 낮고 비타민이 풍부해서 인퓨즈드 워터에 사용하기 좋다. 항산화물질과 식이섬유가 들어 있어 신진대사를 활성화시킨다.

- **레몬** 훌륭한 비타민C 공급원이며 소화를 돕고 호흡을 상쾌하게 만든다. 따뜻한 물 1잔에 레몬을 띄우기만 해도 소화기관을 자연스럽게 깨우며 하루를 활기차게 시작할 수 있다.

- **오렌지** 우리의 세포를 보호하는 비타민C가 풍부하게 함유된 과일이다. 오렌지를 넣은 인퓨즈드 워터로 감기와 독감을 물리쳐보자.

- **키위** 소화를 돕는 효소 액티니다인Actinidain이 들어 있고 면역을 강화하는 비타민도 풍부하다.

- **파인애플** 비타민C와 항산화물질이 풍부해서 면역 체계를 강화하고 감기 예방에 도움을 준다.

- **석류** 비타민C와 비타민K, 비타민B는 물론 엽산이 특히 풍부하고 항산화물질이 다량 함유돼 있다. 비타민B는 DNA 복구에 중요한 역할을 하며 위장 내 염증을 줄이고 소화력을 개선하는 효과가 있다.

- **딸기** 비타민K와 비타민C 공급원이며 식이섬유와 엽산, 칼륨도 풍부하다. 모든 베리류는 제철에 가장 맛있다.

- **블루베리** 크기는 작지만 영양소와 항산화물질, 비타민C가 가득해서 세포를 보호하고 심장 건강을 지킨다.

- **오이** 피부를 강화하는 영양소가 함유돼 있다. 눈 주변이 거뭇한 증상이나 부기 등을 가라앉히는 데 효과적이다.

- **비트** 영양소가 풍부하며 특히 칼슘과 철분, 비타민A, 비타민C가 많이 함유되어 있다. 간 해독 능력도 뛰어나다.

- **펜넬** 뼈 건강, 혈압 조절, 심장 건강에 도움을 준다. 부종을 완화시키고 소화를 도와준다.

| 허브 |

- **바질** 항염증 작용을 하며 간 건강에 도움을 준다. 혈액순환을 돕고 항균 효과가 있는 마그네슘이 풍부하다.

- **카모마일** 피부 염증을 완화시키는 항염증 성분이 있어서 진정 및 치유 효과가 있다. 특히 진정 효과가 좋아서 편안한 수면을 보장한다.

- **레몬밤** 진정 효과로 유명하며 스트레스와 불안을 완화시킨다. 숙면을 취하고 싶을 때 추천한다.

- **레몬그라스** 항균성이 있으며 구취를 제거하고 감염을 예방하는 데 효과가 있다.

- **민트** 소화를 도와주고 콜레스테롤 수치를 건강하게 유지하도록 만드는 효과가 있다.

- **로즈힙** 비타민C가 풍부해서 감기 및 바이러스 예방에 탁월한 효과가 있다. 피부에 영양을 공급해서 노화의 징후를 줄일 수 있다.

- **로즈메리** 철분과 칼슘, 비타민B가 풍부하고 향이 은은하고 차분하다.

- **타임** 소화를 돕는 허브로 타임 천연 오일은 기침과 인후통을 진정시킨다.

- **카다몸** 항산화물질이 풍부하고 혈압을 낮추는 효과가 있다. 소화 기능을 증진시켜 소화불량을 완화해준다.

- **시나몬** 혈당 수치를 낮추며 항바이러스, 항균 및 항진균 성분이 풍부하게 함유돼 있다.

- **생강** 어떤 형태의 메스꺼움도 치료할 수 있어서 입덧이나 멀미 퇴치에 효과적이다. 소화기관을 강화하고 속 쓰림 증상을 완화시킨다.

- **터메릭** 강력한 항균, 항산화 및 항염증 작용을 해서 오래전부터 질병을 치료하고 예방하기 위해 사용했다. 소화를 촉진하고 기생충과 바이러스를 퇴치한다.

- **팔각** 메스꺼운 증상을 완화시키고 소화를 도와주며 기침과 인후통을 개선시킨다.

- **바닐라** 건강에 해로운 높은 콜레스테롤 수치를 낮춰준다. 모발과 손톱을 강화하는 에센셜오일이 함유돼 있다.

그 외의 재료

- **사과주식초** 여러 가지 건강상 이점이 있는 식재료로 우리 몸의 체내 산성 수치를 균형 있게 유지하면서 소화를 돕고 혈압을 조절하며 영양소를 더 많이 흡수할 수 있도록 만들어준다. 여과하지 않은 생 식초를 구입해야 하고 프로바이오틱스라고 부르는 유익한 효소와 이로운 박테리아를 온전하게 섭취할 수 있도록 초모醋母가 함유된 제품을 찾아보자.

- **꿀** 천연 에너지 부스터다. 일반 감미료를 완벽하게 대체할 수 있고 항균성 화합물이 함유돼 있다. 슈퍼마켓에서 판매하는 저렴한 꿀에는 설탕이 첨가돼 있으므로 질 좋은 제품을 찾아보자. 건초열을 앓는 사람은 인근에서 생산한 꿀을 구입하면 증상 완화에 도움이 된다. 지역 양봉업자를 돕는 일이기도 하다.

- **로즈워터** 노화를 방지하고 피부를 강화하는 효과가 있으며 소화기질환을 진정시킨다.

Part 1
원기를 회복시키는 인퓨즈드 워터

몸의 원기 회복과 진정에 도움이 되는
인퓨즈드 워터를 소개합니다. 위장을 보호하는 생강과 사과주식초,
부드러운 과일과 진정 효과가 있는 허브에 이르기까지 다양한 재료를 사용합니다.
뜨겁거나 차가운 물에 신선한 자극을 더해 기운을 한껏 북돋아주는
자연의 선물을 만나보세요.

블랙베리오렌지생강
Blackberry, Orange & Ginger

Ingredients · 블랙베리 10개 · 오렌지 1개 · 생강 1톨(엄지 크기) · 물 5컵

How To

1 블랙베리를 볼에 담고 숟가락 뒤쪽으로 가볍게 눌러서 으깬다.

2 블랙베리를 즙까지 싹싹 훑어서 저그에 담는다.

3 오렌지는 껍질을 곱게 갈아 제스트를 만들고 과육은 슬라이
스한 뒤 모두 저그에 넣는다.

4 생강은 얇게 슬라이스해서 저그에 담는다.

5 찬물을 붓고 냉장고에서 2시간 이상 우린다.

  • 취향에 따라 산뜻한 기분을 느끼고 싶다면 얼음을 넣어 마신다.

Tip   블러드오렌지가 제철이라면 아낌없이 활용해보자. 색이 더욱 아름다운
인퓨즈드 워터가 완성된다.

생강멜론

Ginger & Melon

Ingredients   · 멜론 ½개 · 생강 2톨(엄지 크기) · 탄산수 5컵

How To   1 멜론은 껍질을 제거하고 과육을 큼직하게 썰어서 저그에 담
는다.

2 생강은 얇게 슬라이스해서 저그에 넣는다.

3 탄산수를 붓고 냉장고에서 2시간 이상 우린다.

Tip   생강을 슬라이스하거나 엄지 크기로 잘라서 냉동 보관하면 오랫동안 신
선하게 사용할 수 있다. 해동할 필요 없이 바로 사용하면 된다.

터메릭생강오렌지

Turmeric, Ginger & Orange

Ingredients
· 생 터메릭 3톨(엄지 크기) · 생강 1톨(엄지 크기)
· 오렌지 1개 · 물 5컵

How To
1 터메릭과 생강은 얇게 슬라이스하고 저그에 흩뿌려 담는다.

2 오렌지를 얇게 슬라이스해서 저그에 넣는다.

3 찬물을 붓고 냉장고에서 2시간 이상 우린다.

　* 톡 쏘는 매력을 가진 인퓨즈드 워터로, 취향에 따라 얼음을 넣으
　　면 더 상큼하게 즐길 수 있다.

Tip　　터메릭을 구입하기 위해 건강식품 전문점이나 외국 식재료 전문점을 방
문해보자. 신선한 터메릭이 없다면 터메릭 가루 1작은술을 소량의 물에
개어 페이스트를 만들어 사용한다. 신선한 터메릭이든 터메릭 가루든 손
이나 옷, 작업대에 얼룩이 남을 수 있으니 주의한다.

시나몬사과주식초 (HOT)

Cinnamon & Apple Cider Vinegar

Ingredients · 시나몬스틱 2개 · 사과주식초 1큰술 · 끓는 물 2컵

How To
1 시나몬스틱은 절구에 넣고 가볍게 찧어서 향이 진해지도록 만든다.

2 시나몬스틱과 사과주식초를 티포트에 담는다.

3 끓는 물을 붓고 5~10분 정도 우린다.

  · 달콤한 향기를 맡으면 활력이 되살아난다.

> *Tip* 사과주식초는 초모가 살아 있는 제품을 구입한다. 그래야 여과되지 않은 효소와 프로바이오틱스까지 온전히 섭취할 수 있다. 식사를 하고 소화가 잘 안 될 때 마시면 좋다.

블루베리로즈메리주니퍼베리

Blueberry, Rosemary & Juniper Berry

Ingredients · 블루베리 15개 · 주니퍼베리 4개
· 로즈메리 4줄기+장식용 1줄기 · 물 5컵

How To 1 블루베리를 절구에 넣고 가볍게 찧는다.

2 주니퍼베리를 절구에 넣고 찧어서 향이 나도록 한다.

3 블루베리와 주니퍼베리를 저그에 담고 로즈메리를 넣는다.

4 찬물을 붓고 냉장고에서 2시간 이상 우린다.

* 취향에 따라 로즈메리 1줄기를 올려서 장식하고 얼음을 넣는다.

Tip 주니퍼베리는 진을 만들 때 향을 더하기 위해 사용하는 재료로 살균 작용을 하기 때문에 몸이 좋지 않을 때 인퓨즈드 워터로 활용하면 좋다.

블랙베리레몬

Blackberry & Lemon

Ingredients · 블랙베리 10개 · 레몬 2개 · 물 5컵

How To

1 블랙베리를 볼에 담고 숟가락 뒤쪽으로 가볍게 눌러서 으깬다.

2 블랙베리를 즙까지 싹싹 훑어서 저그에 담는다.

3 레몬 1개를 얇게 슬라이스해서 저그에 넣는다.

4 남은 레몬 1개는 즙을 짜서 저그에 넣는다.

5 찬물을 붓고 냉장고에서 2시간 이상 우린다.

  • 취향에 따라 얼음을 넣는다.

Tip　레몬을 슬라이스하기 전에 껍질을 갈아 제스트를 만들어 함께 넣으면 향이 훨씬 진해진다.

수박민트

Watermelon & Mint

Ingredients   · 수박 과육만 잘게 썬 것 150g · 민트 6줄기 · 물 5컵

How To

1 수박 과육을 저그에 담는다.

2 민트는 줄기를 가볍게 비벼서 향이 진해지도록 한 뒤 저그에
담는다.

3 찬물을 붓고 냉장고에서 2시간 이상 우린다.

＊더운 여름날 갈증을 해소하기 좋은 인퓨즈드 워터로 취향에 따라
얼음을 넣어 마신다.

민트레몬생강 (HOT)

Mint, Lemon & Ginger

Ingredients
· 레몬 1개 · 생강 1톨(엄지 크기)
· 민트 5줄기 + 장식용 1줄기 · 끓는 물 2컵

How To

1 생강은 얇게 슬라이스하고 절구에 넣어 가볍게 찧은 뒤 티포
트에 담는다.

2 레몬은 얇게 슬라이스해서 티포트에 담는다.

3 민트는 줄기를 가볍게 비벼서 향이 진해지도록 한 뒤 티포트
에 담는다.

4 끓는 물을 붓고 5~10분 정도 우린다.

* 취향에 따라 신선한 민트로 장식한다.

Tip   민트가 남으면 잘게 썰어서 냉동 보관한다. 산뜻한 녹색은 사라지지만 인
퓨즈드 워터에 향기를 더하는 용도로는 손색없다.

딸기 타임

Strawberry & Thyme

Ingredients   · 딸기 10개 · 타임 5줄기+장식용 1줄기 · 물 5컵

How To
1 딸기는 꼭지를 제거하고 4등분한 뒤 저그에 담는다.

2 타임은 가볍게 비벼서 향이 진해지도록 한 뒤 저그에 담는다.

3 찬물을 붓고 냉장고에서 2시간 이상 우린다.

 * 취향에 따라 신선한 타임으로 장식한다.

Tip   타임은 여러 가지 종류가 있다. 일반 타임 대신 레몬 타임을 사용하면 향이 더욱 신선해진다.

모둠베리시나몬

Mixed Berry & Cinnamon

Ingredients
- 블루베리 10개 · 라즈베리 10개 · 딸기 4개
- 시나몬스틱 2개 + 장식용 1개 · 물 5컵

How To

1 블루베리와 라즈베리를 볼에 담고 숟가락 뒤쪽으로 가볍게 으깬다.

2 블루베리와 라즈베리를 즙까지 싹싹 훑어서 저그에 담는다.

3 딸기는 꼭지를 제거하고 반으로 자른 뒤 저그에 담는다.

4 시나몬스틱을 절구에 넣고 가볍게 으깨서 향을 낸 뒤 저그에 넣는다.

5 찬물을 붓고 냉장고에서 2시간 이상 우린다.

* 취향에 따라 다양한 베리와 시나몬스틱으로 장식하고 얼음을 넣는다.

Tip   베리류가 제철이 아니라면 냉동 제품을 구입한다. 냉동 베리는 마트에서 쉽게 구입할 수 있다.

넛멕생강 (HOT)

Nutmeg & Ginger

Ingredients   · 생강 2톨(엄지 크기) · 넛멕(통) ¼개 · 끓는 물 2컵

How To
1 생강은 얇게 슬라이스하고 절구에 넣어 가볍게 찧은 뒤 티포트에 담는다.

2 넛멕을 갈아서 티포트에 넣는다.

3 끓는 물을 붓고 5~10분 정도 우린다.

블랙베리클레멘타인정향 (HOT)
Blackberry, Clementine & Clove

Ingredients   · 블랙베리 8개 · 클레멘타인 2개 · 정향 4개 · 물 2컵

How To

1 블랙베리를 볼에 담고 숟가락 뒤쪽으로 눌러서 으깬다.

2 블랙베리를 즙까지 냄비에 담고 정향을 넣는다.

3 클레멘타인 1개는 얇게 슬라이스해서 냄비에 넣는다.

4 남은 클레멘타인은 반으로 잘라 즙을 짜서 냄비에 넣는다.

5 물을 붓고 약불에서 5~10분 정도 뭉근하게 익힌다.

    ＊ 또는 모든 재료를 손질해서 티포트에 담고 끓는 물 2컵을 부은 뒤
5~10분 정도 우린다.

Tip   클레멘타인이 제철인 겨울에 만들기 좋은 인퓨즈드 워터다. 추운 겨울에
따뜻한 파이나 타르트와 함께 즐기면 더욱 잘 어울린다.

라즈베리패션프루트바질

Raspberry, Passion Fruit & Basil

Ingredients
- 라즈베리 15개 · 패션프루트 1개
- 바질 5줄기+장식용 1줄기 · 물 5컵

How To

1 라즈베리를 볼에 담고 숟가락 뒤쪽으로 눌러서 으깬다.

2 라즈베리를 즙까지 싹싹 훑어서 저그에 담는다.

3 패션프루트는 반으로 자르고 과육과 씨를 꺼내서 저그에 넣는다.

4 바질을 넣고 찬물을 부은 뒤 냉장고에서 2시간 이상 우린다.

＊취향에 따라 신선한 바질로 장식하고 얼음을 넣는다.

자두생강 (HOT)

Plum & Ginger

Ingredients   ·자두 2개 ·생강 1톨(엄지 크기) ·물 2컵

How To

1 자두는 반으로 잘라서 씨를 제거하고 얇게 슬라이스한 뒤 냄비에 넣는다.

2 생강은 얇게 슬라이스하고 절구에 가볍게 찧은 뒤 냄비에 담는다.

3 물을 붓고 약불에서 5~10분 정도 뭉근하게 데운다.

   ·또는 자두와 생강을 티포트에 담고 끓는 물 2컵을 부은 뒤 5~10분 정도 우린다.

Tip   여러 품종의 자두를 섞어서 사용하면 색상의 조화와 함께 단맛과 신맛의 절묘한 대비까지 즐길 수 있다. 기력을 회복하고 싶을 때 추천한다.

수박고수

Watermelon & Coriander

Ingredients ㆍ수박 ¼개(소) ㆍ오렌지 1개
ㆍ고수 10줄기 + 장식용 1줄기 ㆍ물 5컵

How To 1 수박은 껍질을 제거하고 큼직하고 길쭉하게 자른다.

2 수박과 고수를 저그에 담는다.

3 오렌지 껍질을 두껍게 저며서 저그에 넣는다.

4 찬물을 붓고 냉장고에서 2시간 이상 우린다.

ㆍ취향에 따라 고수로 장식하고 얼음을 넣는다.

Tip 수박이 잘 익었는지 확인하려면 손가락 관절로 탕탕 두들겨본다. 속이 빈
소리가 나면 제대로 익은 것이니 인퓨즈드 워터에 사용해보자.

Part 2
에너지를 주는 인퓨즈드 워터

바쁜 하루를 시작하기 전, 에너지 충전에 좋은 인퓨즈드 워터를 추천합니다.
상큼한 감귤류에 열대 과일을 더하고 싱싱한 허브와
채소를 넣은 음료를 마셔보세요. 맑은 정신과 활력으로
하루를 활기차게 보낼 수 있을 거예요.

오렌지자몽레몬

Orange, Grapefruit & Lemon

Ingredients   ·오렌지 2개 ·자몽 1개 ·레몬 1개 ·물 5컵

How To   1 오렌지 1개와 자몽 ½개는 즙을 짜서 저그에 담는다.

2 남은 오렌지와 남은 자몽, 레몬은 얇게 슬라이스해서 저그에 넣는다.

3 찬물을 붓고 냉장고에서 2시간 이상 우린다.

> **Tip**   여러 가지 감귤류를 사용해 취향에 맞는 맛을 찾아보자. 라임은 톡 쏘는 풍미가 있고 블러드오렌지는 강렬한 색상을 더한다.

사과민트
Apple & Mint

Ingredients	· 사과 2개 · 민트 10줄기 + 장식용 1줄기 · 물 5컵
How To	1 사과는 껍질째 반달 모양으로 자르고 저그 에 담는다. 2 민트는 줄기를 가볍게 비벼서 향을 내고 저 그에 넣는다. 3 찬물을 붓고 냉장고에서 2시간 이상 우린다. * 취향에 따라 민트로 장식하고 얼음을 넣는다.

> *Tip* 이 인퓨즈드 워터는 아삭한 사과가 잘 어울린다. 새콤하
> 고 산뜻한 음료를 원한다면 풋사과 종류를 추천하고 단
> 맛이 강한 음료를 원한다면 갈라 품종을 추천한다.

망고패션프루트 〔HOT〕

Mango & Passion Fruit

Ingredients ・망고 ½개 ・패션프루트 ½개 ・끓는 물 2컵

How To
1 망고는 얇게 슬라이스해서 티포트에 넣는다.

2 패션프루트는 과육과 씨를 꺼내 티포트에 담는다.

3 끓는 물을 붓고 5~10분 정도 우린다.

Tip 남은 망고는 껍질을 벗기고 얇게 슬라이스한 뒤 라임즙을 살짝 두르고 칠리소금을 약간 뿌린다. 인퓨즈드 워터와 잘 어울리는 특별한 간식이다.

체리민트
Cherry & Mint

Ingredients · 체리 10개 · 민트 10줄기+장식용 1줄기 · 물 5컵

How To

1 체리는 반으로 잘라 씨를 제거하고 저그에 담는다.

2 민트는 손으로 가볍게 으깨서 향을 내고 저그에 넣는다.

3 찬물을 붓고 냉장고에서 2시간 정도 우린다.

· 취향에 따라 민트로 장식하고 얼음을 넣는다.

석류생강

Pomegranate & Ginger

Ingredients · 석류 1개 · 생강 2톨(엄지 크기) · 물 5컵

How To

1 석류를 단단한 작업대에 올린 뒤 손바닥으로 가볍게 눌러서 굴려가며 씨가 껍질에서 떨어져 나오도록 한다.

2 석류를 반으로 자르고 볼을 받친 뒤 단면이 아래로 가도록 잡은 다음 밀대나 나무주걱으로 껍질을 두드려 씨를 털어낸다.

3 껍질을 뜯어서 남은 씨를 마저 꺼낸다. 나머지 한쪽도 같은 과정을 반복한다.

4 털어낸 석류씨를 절구에 담고 가볍게 찧은 뒤 즙까지 저그에 담는다.

5 생강은 얇게 슬라이스해서 저그에 넣는다.

6 찬물을 붓고 냉장고에서 2시간 이상 우린다.

 · 취향에 따라 얼음을 넣어 마신다.

Tip   석류는 껍질에 흠집이 없고 매끄러운 것을 고른다. 무게가 묵직할수록 즙이 많다.

자몽로즈메리

Grapefruit & Rosemary

Ingredients   · 핑크자몽 1개 · 로즈메리 6줄기 + 장식용 1줄기 · 물 5컵

How To   1 자몽은 껍질을 갈아서 제스트를 만든 뒤 저그에 담는다.

2 남은 자몽은 반달 모양으로 잘라서 저그에 넣는다.

3 로즈메리를 저그에 담는다.

4 찬물을 붓고 냉장고에서 2시간 이상 우린다.

* 취향에 따라 로즈메리로 장식하고 얼음을 넣는다.

비트레몬민트

Beetroot, Lemon & Mint

Ingredients   · 비트 1개 · 레몬 1개 · 민트 3줄기+장식용 1줄기 · 물 5컵

How To   1 비트는 얇게 슬라이스해서 저그에 담는다.

2 레몬은 슬라이스해서 저그에 넣는다.

3 민트는 손으로 가볍게 으깨서 향을 낸 뒤 저그에 넣는다.

4 찬물을 붓고 냉장고에서 2시간 이상 우린다.

　　　* 취향에 따라 민트로 장식한다.

Tip   비트가 남았다면 간단하게 피클을 만들어보자. 화이트와인식초 4큰술, 정제 백설탕 2큰술, 소금 1꼬집을 냄비에 넣고 약불에서 설탕을 녹인다. 비트 1개(중간 크기)의 껍질을 벗기고 막대 모양으로 자른 뒤 식초물을 부어서 골고루 버무린 다음 식힌다. 샐러드에 넣거나 가벼운 식사에 곁들이면 좋다.

딸기민트오이

Strawberry, Mint & Cucumber

Ingredients · 딸기 10개 · 민트 6줄기 · 오이 ½개 · 물 5컵

How To 1 딸기는 꼭지를 제거하고 반으로 자른 뒤 저그에 담는다.

2 오이는 필러로 길게 슬라이스해서 저그에 넣는다.

3 민트는 손으로 가볍게 으깨서 향을 낸 뒤 저그에 넣는다.

4 찬물을 붓고 냉장고에서 2시간 이상 우린다.

Tip   신선한 민트가 없다면 민트 말린 것을 사용해도 된다.

패션프루트라임

Passion Fruit & Lime

Ingredients　　·패션프루트 2개　·라임 1개　·물 5컵

How To　　1 패션프루트는 반으로 잘라 과육과 씨를 꺼내서 저그에 담는다.

2 라임을 반으로 자르고 한쪽은 즙을 짜서 저그에 넣는다.

3 나머지 라임은 얇게 슬라이스해서 저그에 담는다.

4 찬물을 붓고 냉장고에서 2시간 이상 우린다.

　·취향에 따라 얼음을 넣어 마신다.

파인애플오이

Pineapple & Cucumber

Ingredients 　· 파인애플 ½개 · 오이 ½개 · 탄산수 5컵

How To

1 파인애플은 껍질을 제거하고 과육만 네모나게 잘라 저그에 담는다.

2 오이를 필러로 길고 얇게 슬라이스해서 저그에 넣는다.

3 탄산수를 붓고 냉장고에서 2시간 이상 우린다.

* 취향에 따라 얇게 슬라이스한 오이와 파인애플로 장식하고 얼음을 넣는다.

딸기바질레몬

Strawberry, Basil & Lemon

Ingredients　　・딸기 10개 ・바질 잎 5장(큰 것) + 장식용 1장
　　　　　　　　　・레몬 1개 ・물 5컵

How To　　　1 레몬은 껍질을 갈아 제스트를 만들고 저그
　　　　　　　　　에 넣는다.

　　　　　　　　2 레몬을 반으로 잘라서 한쪽은 즙을 짜고
　　　　　　　　　나머지 한쪽은 얇게 슬라이스해서 저그에
　　　　　　　　　담는다.

　　　　　　　　3 딸기는 반으로 잘라서 바질과 함께 저그에
　　　　　　　　　담는다.

　　　　　　　　4 찬물을 붓고 냉장고에서 2시간 이상 우린다.

　　　　　　　　 • 취향에 따라 바질로 장식하고 얼음을 넣는다.

Tip　타이바질을 사용하면 동남아시아의 풍미를 느낄 수 있다.

팔각후추 （HOT）

Star Anise & Black Pepper

Ingredients   · 팔각 4개 · 검은 통후추 1큰술
· 꿀 1큰술 · 끓는 물 2컵

How To   1 통후추는 절구에 넣고 굵게 빻은 뒤 티포트에 담는다.

2 팔각을 티포트에 넣고 끓는 물을 붓는다.

3 꿀을 넣고 골고루 잘 섞은 뒤 5~10분 정도 우린다.

＊취향에 따라 검은 통후추나 꿀을 더 넣어도 된다.

> *Tip*   후추 향이 진한 인퓨즈드 워터로 감기에 걸리거나 목이 아플 때 마시면
> 좋다.

파인애플코코넛

Pineapple & Coconut

Ingredients
- 파인애플 ½개
- 생 코코넛 과육 간 것(또는 코코넛 슬라이스) 1줌
- 라임 1개 · 물 5컵

How To

1 파인애플은 껍질을 제거하고 과육만 잘게 자른다.

2 파인애플과 코코넛을 저그에 넣는다.

3 라임을 반으로 자르고 한쪽은 즙을 짜서 저그에 담는다.

4 찬물을 붓고 냉장고에서 2시간 이상 우린다.

5 인퓨즈드 워터를 잔에 담고 남은 라임을 반달 모양으로 잘라
  서 장식한다.

석류키위

Pomegranate & Kiwi

Ingredients   ·석류 1개 ·키위 1개 ·물 5컵

How To

1 석류는 단단한 작업대에 올리고 손바닥으로 가볍게 눌러 굴려가며 씨가 떨어져 나오도록 한다.

2 석류를 반으로 자르고 볼을 받친 뒤 단면이 아래로 가도록 잡은 다음 밀대나 나무주걱으로 껍질을 두드려 씨를 털어낸다.

3 껍질을 뜯어서 남은 씨를 마저 꺼낸다. 나머지 한쪽도 같은 과정을 반복한다.

4 털어낸 석류씨를 절구에 담고 가볍게 찧은 뒤 즙까지 저그에 담는다.

5 키위는 얇게 슬라이스해서 저그에 넣는다.

6 찬물을 붓고 냉장고에서 2시간 이상 우린다.

• 취향에 따라 얼음을 넣어 마신다.

Tip   석류씨와 키위는 식이섬유가 풍부해서 남은 과육까지 먹으면 장 건강에 도움이 된다. 석류즙과 씨를 전부 넣어야 식이섬유를 섭취할 수 있다.

자몽라즈베리

Grapefruit & Raspberry

Ingredients
- 자몽 1개 · 라즈베리 15개
- 고수 6줄기 · 물 5컵

How To

1 자몽은 반으로 잘라 한쪽은 즙을 짜고 한쪽은 두껍게 슬라이스한 뒤 모두 저그에 담는다.

2 라즈베리를 저그에 담는다.

3 고수를 넣고 찬물을 부은 뒤 냉장고에서 2시간 이상 우린다.

Tip 자몽 대신 포멜로를 사용해도 색다르다. 동남아시아가 원산지인 포멜로는 산뜻한 맛이 나는 감귤류로 자몽과 비슷하지만 쓴맛이 덜하다. 씨가 많아서 껍질과 씨를 모두 제거해야 한다. 다른 감귤류처럼 즙을 짜거나 슬라이스하거나 과육만 잘라서 사용하면 된다.

배바질후추

Pear, Basil & Black Pepper

Ingredients　　· 배 2개　· 바질 5줄기
　　　　　　　　· 검은 통후추 1큰술+장식용 2~3알　· 물 5컵

How To　　　1 통후추는 절구에 담고 굵게 빻은 뒤 저그에 뿌리며 담는다.

　　　　　　　2 배는 심을 제거하고 껍질째 얇게 슬라이스해서 저그에 넣는다.

　　　　　　　3 바질을 넣고 찬물을 부은 뒤 냉장고에서 2시간 이상 우린다.

　　　　　　　　* 취향에 따라 통후추로 장식하고 얼음을 넣는다.
　　　　　　　　* 이 책에서는 서양배를 사용했으나 한국배로 대체해도 된다.

Tip　후춧가루가 아닌 통후추를 즉석에서 갈아 사용하는 걸 추천한다. 풍미가
　　　훨씬 강해진다.

레몬그라스생강 (HOT)

Lemongrass & Ginger

Ingredients · 레몬그라스 2대 · 생강 1톨(엄지 크기) · 끓는 물 2컵

How To
1 레몬그라스는 절구에 넣고 찧어서 천연 오일과 향을 낸 뒤 티
포트에 담는다.

2 생강은 얇게 슬라이스해서 티포트에 넣는다.

3 끓는 물을 붓고 5~10분 정도 우린다.

Tip 맵싸하면서 향긋한 인퓨즈드 워터라 차나 커피 대신 마시기 좋다.

펜넬클레멘타인

Fennel & Clementine

Ingredients   · 펜넬 구근 1개 · 클레멘타인 3개 · 물 5컵
· 펜넬 이파리 1~2개(장식용)

How To

1 펜넬 구근은 얇게 슬라이스해서 저그에 담는다.

2 클레멘타인 2개를 얇게 슬라이스해서 저그에 넣는다.

3 남은 클레멘타인은 즙을 짜서 저그에 담는다.

4 찬물을 붓고 냉장고에서 2시간 이상 우린다.

  * 취향에 따라 펜넬 이파리로 장식한다.

Tip   펜넬은 소화를 도와주고 대사를 증진시키는 등 여러 가지 효과가 있는 채
소다. 비타민C 또한 풍부해서 기운이 없을 때 이 인퓨즈드 워터를 마시면
힘이 난다.

Part 3
몸을 편안하게 해주는 인퓨즈드 워터

나른한 오후나 조용한 주말에 마시기 좋은
인퓨즈드 워터를 소개합니다. 펜넬시드나 카다몸 등
따스한 기운이 강한 재료를 듬뿍 넣었습니다.
일상에서 쌓인 긴장과 스트레스를 풀고
편안한 휴식을 취하고 싶은 사람들에게 추천합니다.

블랙베리월계수

Blackberry & Bay

Ingredients   · 블랙베리 10개 · 생 월계수 잎 3장 + 장식용 1장 · 물 5컵

How To

1 월계수 잎은 절구에 넣어 가볍게 찧거나 밀대 끄트머리로 두 들겨서 천연 오일과 향을 낸다.

2 블랙베리는 반으로 자르고 월계수 잎과 함께 저그에 담는다.

3 찬물을 붓고 냉장고에서 2시간 이상 우린다.

  * 취향에 따라 월계수 잎으로 장식하고 얼음을 넣는다.

Tip   월계수 나무는 기르기 쉽고 화분에서도 잘 자라기 때문에 하나쯤 키워보는 것도 좋다.

복숭아민트라임

Peach, Mint & Lime

Ingredients
- 복숭아 2개 · 민트 5줄기
- 라임 1개 · 물 5컵

How To

1 복숭아는 반으로 잘라서 씨를 제거하고 얇게 슬라이스한 뒤 저그에 담는다.

2 민트는 손으로 가볍게 으깨서 향을 낸 뒤 저그에 넣는다.

3 라임은 슬라이스해서 저그에 넣는다.

4 찬물을 붓고 냉장고에서 2시간 이상 우린다.

Tip 복숭아가 무르익는 햇볕이 쨍한 여름날, 한숨 돌리고 싶을 때 마시기 좋은 음료다. 천도복숭아를 사용해도 좋다.

스파이스레드베리

Spiced Red Berry

Ingredients	· 라즈베리 10개 · 딸기 10개 · 시나몬스틱 2개 · 팔각 3개 · 물 5컵
How To	1 라즈베리와 딸기는 반으로 잘라서 저그에 담는다. 2 시나몬스틱은 절구에 넣고 가볍게 으깨서 향을 낸 뒤 팔각과 함께 저그에 넣는다. 3 찬물을 붓고 냉장고에서 2시간 이상 우린다. · 취향에 따라 얼음을 넣는다.

라즈베리생강카다몸

Raspberry, Ginger & Cardamom

Ingredients
- 라즈베리 10개 · 생강 1톨(엄지 크기)
- 카다몸 깍지 4개 · 물 5컵

How To

1 라즈베리는 반으로 잘라서 저그에 담는다.

2 생강은 얇게 슬라이스한다.

3 생강과 카다몸 깍지를 절구에 넣고 으깨서 향을 낸 뒤 저그에 담는다.

4 찬물을 붓고 냉장고에서 2시간 이상 우린다.

  * 취향에 따라 얼음을 넣어 마신다.

Tip   카다몸은 생강, 터메릭과 같은 종류로, 소화를 도와주고 메스꺼운 증상을 완화시키는 등 비슷한 효과를 가지고 있다. 인퓨즈드 워터를 만들 때는 반드시 카다몸 깍지를 바로 으깨서 사용해야 한다. 강렬한 향이 순식간에 퍼졌다가 사라지기 때문이다.

배장미

Pear & Rose

Ingredients   · 배 2개 · 레몬 1개 · 로즈워터 1큰술 · 물 5컵

How To

1 배는 껍질째 얇게 슬라이스해서 저그에 담는다.

2 레몬은 껍질을 길게 깎아서 저그에 넣는다.

3 찬물을 붓고 로즈워터를 넣은 뒤 가볍게 섞는다.

4 냉장고에서 2시간 이상 우린다.

   * 취향에 따라 로즈워터를 더 넣거나 얼음을 넣는다.

   * 이 책에서는 서양배를 사용했으나 한국배로 대체해도 된다.

Tip   옅은 분홍색 장미 꽃잎을 띄워서 장식해보자. 식용 장미 꽃잎은 일부 식료품점이나 건강식품 전문점, 온라인 쇼핑몰 등에서 구입할 수 있다.

레몬생강터메릭 (HOT)

Lemon, Ginger & Turmeric

Ingredients · 레몬 1개 · 생강 1톨(엄지 크기)
· 생 터메릭 2톨(엄지 크기) · 끓는 물 2컵

How To 1 레몬을 반으로 자르고 즙을 짜서 티포트에 넣는다.

2 생강과 터메릭은 얇게 슬라이스해서 절구에 넣고 가볍게 찧
어 향을 낸 뒤 티포트에 담는다.

3 모든 재료가 잠기도록 끓는 물을 붓고 5분 정도 우린다.

Tip 아침에 일어나 이 인퓨즈드 워터를 1잔 마시면 소화 기능이 좋아지고 신
진대사가 올라간다.

리치라임

Lychee & Lime

Ingredients · 리치 10개 · 라임 2개 · 물 5컵

How To

1 리치는 딱딱한 껍질을 벗기고 반으로 잘라서 씨를 제거한 뒤 촉촉한 과육만 저그에 담는다.

2 라임은 반달 모양으로 잘라서 저그에 넣는다.

3 찬물을 붓고 냉장고에서 2시간 이상 우린다.

  • 취향에 따라 얼음을 넣어 마신다.

Tip 리치는 비타민C 등의 영양소가 풍부해서 인퓨즈드 워터에 사용하기 좋다. 또한 수분 함량이 높고 칼로리가 낮아서 간식으로 먹으면 기분 좋게 갈증을 해소할 수 있다.

로즈힙차 (HOT)

Rosehip Tea

Ingredients · 로즈힙 말린 것 1큰술 · 끓는 물 2컵

How To 1 로즈힙을 티포트에 담는다.

2 끓는 물을 붓고 5분 정도 우린다.

> *Tip* 로즈힙 말린 것은 온라인 쇼핑몰이나 건강식품 전문점에서 구입할 수 있
> 다. 운 좋게도 정원에서 장미 덤불이 자라고 있다면 로즈힙을 수확한 뒤
> 깨끗하게 씻어서 반으로 자르고 100℃의 오븐에서 완전히 말려보자. 로
> 즈힙차는 항산화물질이 풍부해서 스트레스를 줄여주고 건강한 몸으로
> 만들어준다.

카다몸오렌지 (HOT)

Cardamom & Orange

Ingredients · 카다몸 깍지 6개 · 오렌지 1개 · 끓는 물 2컵

How To
1 카다몸 깍지는 절구에 넣고 가볍게 찧어서 향을 낸 뒤 티포트
  에 담는다.

2 오렌지는 반으로 자르고 한쪽만 즙을 짜서 티포트에 넣는다.

3 남은 오렌지 한쪽은 슬라이스해서 티포트에 넣는다.

4 끓는 물을 붓고 5분 정도 우린다.

Tip   티포트를 사용하면 뜨거운 인퓨즈드 워터를 쉽게 만들 수 있다. 차 도구
전문점이나 온라인 쇼핑몰에서 구입 가능하다.

펜넬시드페퍼민트 (HOT)

Fennel Seed & Peppermint

Ingredients ·펜넬시드 1작은술 ·페퍼민트 말린 것 1작은술 ·끓는 물 2컵

How To

1 펜넬시드는 절구에 넣고 가볍게 찧어서 향을 낸다.

2 펜넬시드와 페퍼민트를 티포트에 담는다.

3 끓는 물을 붓고 5분 정도 우린다.

Tip 펜넬시드와 페퍼민트는 소화불량 증상을 완화시키는 효과가 있다. 식후에 커피 대신 마시기 좋은 음료다.

탠저린오이

Tangerine & Cucumber

Ingredients · 탠저린 2개 · 오이 ½개 · 물 5컵

How To
1 탠저린은 얇게 슬라이스해서 저그에 담는다.

2 오이는 필러로 길게 슬라이스해서 저그에 넣는다.

3 찬물을 붓고 냉장고에서 2시간 이상 우린다.

　• 취향에 따라 길게 슬라이스한 오이와 탠저린으로 장식한다.

스파이스차이 `HOT`

Spiced Chai

Ingredients
· 카다몸 깍지 8개 · 시나몬스틱 1개 · 정향 4개
· 팔각 2개 · 꿀 1큰술 · 끓는 물 2컵

How To
1 카다몸 깍지와 시나몬스틱을 절구에 넣고 가볍게 으깨서 향을 낸 뒤 티포트에 담는다.

2 정향과 팔각을 넣고 끓는 물을 붓는다.

3 꿀을 넣고 골고루 섞은 뒤 5분 정도 우린다.

· 취향에 따라 꿀을 조금 더 넣어도 된다.

> *Tip* 오랜 역사를 가진 차이는 전통적으로 치료약처럼 사용됐다. 오늘날까지도 인도에서 가장 인기 있는 음료다.

파인애플민트
Pineapple & Mint

Ingredients　· 파인애플 ¼개 · 민트 5줄기 · 물 5컵

How To
1 파인애플은 슬라이스해서 4등분하고 저그에 담는다.

2 민트는 손으로 가볍게 으깨서 향을 내고 저그에 넣는다.

3 찬물을 붓고 냉장고에서 2시간 이상 우린다.

* 취향에 따라 얼음을 넣어 마신다.

Tip　신선한 열대의 풍미가 느껴지는 인퓨즈드 워터라서 후덥지근한 여름 저녁에 긴장을 풀기 위해 마시면 좋다.

레몬블루베리라벤더

Lemon, Blueberry & Lavender

Ingredients
· 레몬 1개 · 블루베리 15개
· 라벤더 말린 것 1작은술 · 물 5컵

How To
1 레몬은 필러로 껍질을 길게 깎아서 따로 두고 과육은 얇게 슬라이스한 뒤 저그에 담는다.

2 블루베리와 라벤더를 넣는다.

3 찬물을 붓고 냉장고에서 2시간 이상 우린다.

4 인퓨즈드 워터를 잔에 담고 길게 깎은 레몬 껍질과 슬라이스한 레몬, 블루베리로 장식한다.

 * 취향에 따라 얼음을 넣어 마신다.

Tip 라벤더를 따로 키우지 않는다면 유기농 식료품점이나 온라인 쇼핑몰 등에서 식용 라벤더를 구입하자.

바닐라 시나몬 클레멘타인 (HOT)

Vanilla, Cinnamon & Clementine

Ingredients
· 바닐라 빈 1개 · 시나몬스틱 1개
· 클레멘타인 2개 · 끓는 물 2컵

How To

1 바닐라 빈은 길게 반으로 잘라서 칼등이나 찻숟가락으로 씨를 긁는다.

2 바닐라 씨와 꼬투리를 티포트에 담는다.

3 시나몬스틱은 절구에 넣고 가볍게 찧어서 향을 낸 뒤 티포트에 담는다.

4 클레멘타인 1개는 얇게 슬라이스해서 티포트에 넣는다.

5 남은 클레멘타인 1개는 즙을 짜서 티포트에 넣는다.

6 모든 재료가 잠기도록 끓는 물을 붓고 5분 정도 우린다.

> *Tip* 바닐라 빈은 난초의 일종이다. 신선한 바닐라 빈을 사용해야 좋은 향이 난다.

120

오이라임고수

Cucumber, Lime & Coriander

Ingredients   · 오이 ½개 · 라임 2개 · 고수 6줄기 + 장식용 1줄기 · 물 5컵

How To   1 라임 1개를 얇게 슬라이스해서 저그에 담는다.

2 남은 라임 1개는 즙을 짜서 저그에 넣는다.

3 오이는 필러로 길게 슬라이스해서 저그에 넣는다.

4 고수를 저그에 넣는다.

5 찬물을 붓고 냉장고에서 2시간 이상 우린다.

　· 취향에 따라 길게 슬라이스한 오이와 고수로 장식하고 얼음을 넣
어 마신다.

Tip   생 고수는 비타민K와 비타민C가 풍부하다. 창문 근처에 두고 하나쯤 기
르면 좋다.

카모마일레몬밤 (HOT)

Camomile & Lemon Balm

Ingredients
- 카모마일 꽃 말린 것 1작은술
- 레몬밤 말린 것 1작은술 ·물 2컵

How To

1 카모마일 꽃과 레몬밤을 냄비에 담는다.

2 물을 붓고 약불에서 5분 정도 뭉근하게 데운다.

   • 또는 카모마일 꽃과 레몬밤을 티포트에 담고 끓는 물 2컵을 부은
   뒤 5분 정도 우린 다음 거름망에 걸러서 마신다.

Tip 카모마일과 레몬밤은 수면의 질을 향상시키는 역할을 하므로 취침 전에
마시면 편안하게 잠들 수 있다.

124

Special Thanks

이 프로젝트를 권유해준 쿼드릴 팀에게 먼저 감사를 전합니다. 언제나 인내심을 가지고 즐겁게 일할 수 있도록 만들어준 사라와 해리, 젬마, 고마워요. 멋진 손 모델 해리에게 감사를!

책 전체를 아름답게 수놓은 사진을 찍어준 루크와 책이라는 형태를 갖추도록 만들 수 있게 디렉팅을 해준 루이에게 감사합니다. 음식과 인테리어, 더불어 강아지에 대한 수다로 모든 촬영 시간이 즐거웠어요.

언제나 나를 지지하며 든든하게 기운을 북돋아주고, 어린 시절부터 요리에 대한 사랑을 키우도록 도와준 어머니와 아버지에게도 감사를 전합니다. 그리고 가장 친한 친구이자 자매, 항상 다정하고 긍정적으로 도와주는 루이자와 그의 남자친구 파이에게도 고맙다는 말을 하고 싶어요. 항상 아기를 봐줘서 고마워! 기꺼이 레시피 테스터를 자처하면서 나를 웃게 만드는 친구들 엠마, 케이티, 키아, 루시, 조, 감사해요.

마지막으로 내게 가장 중요한 톰과 딸 루이자, 고마워요. 출산 후 첫 복귀 프로젝트인 이 책을 무사히 만들고 즐겁게 일할 수 있었던 건 당신들 덕분이에요. 지친 하루 끝에 두 사람의 격려와 웃는 얼굴을 마주하는 것이 얼마나 귀한 일인지! 톰과 루이자를 위해 요리하는 것은 언제나 가장 큰 기쁨이에요.

인퓨즈드 워터

과일, 채소, 허브로 만드는 에너지 음료 50

1판 1쇄 발행 2020년 5월 25일
1판 2쇄 발행 2020년 6월 23일

지은이 조지나 데이비스
옮긴이 정연주
펴낸이 염현숙
편집인 김옥현

디자인 이보람
마케팅 정민호 나해진 최원석
홍보 김희숙 김상만 지문희 우상희 김현지
저작권 한문숙 김지영
제작 강신은 김동욱 임현식
제작처 상지사

펴낸곳 (주)문학동네
출판등록 1993년 10월 22일 제406-2003-000045호
임프린트 테이스트북스 taste BOOKS

주소 10881 경기도 파주시 회동길 210
문의전화 031)955-3570(마케팅), 031)955-2693(편집)
팩스 031)955-8855
전자우편 selina@munhak.com

ISBN 978-89-546-7185-9 13590

www.munhak.com